I0461785

Individuele Psychologische Diagnostiek

Het kunstwerk “Black Box” op de omslag is van de hand van Frans Coppelmans. Fotograaf is Peter Cox en het kunstwerk is in het bezit van de TU Eindhoven.

Dit boekje wil ik opdragen aan
Frans Duijf en **Chris van der Linden**
die mij van begin tot eind gesteund hebben
in de verwezenlijking van dit boekje.

Individuele psychologische diagnostiek

Als vervolg op het boekje "New Resources for Individual Psychological Diagnosis"[1], in dit boekje een samenvatting van het nieuwe onderzoeksinstrument dat op basis van het wetenschappelijke werk van dr. Gé Calis en de uitwerking daarvan tot stand gekomen is.

Een instrument voor de dagelijkse psychologische praktijk.

Twee gebieden van onderzoek worden blootgelegd:
Het cognitieveld en het emotieveld.

In het cognitieveld kunnen we met het beschreven instrument vaststellen of concepten aanwezig of afwezig zijn in de te onderzoeken persoon.

In het emotieveld kunnen we gegevens boven tafel krijgen die binnen de te onderzoeken persoon onbewust gekoppeld zijn aan angsten en trauma's.

Omdat in het emotieveld de interpretatie van de gegevens doorslaggevend is, wordt de duiding gekoppeld aan de duider. In het cognitieveld zijn de resultaten eenduidig en kunnen zij door anderen herhaald en bevestigd worden.

In het emotieveld kan het onderzoek herhaald worden maar zal de duiding van de resultaten verschillen opleveren. Welke duiding het meest geloofwaardig wordt hangt af van hoe de gegevens samenhangen met andere gegevens met betrekking tot de te onderzoeken persoon.

In deze zin zien we dat de psychologische beroepspraktijk met één been steunt op eenduidige wetenschappelijke resultaten en met het andere been op meerduidige wetenschappelijke resultaten.

De verantwoordelijkheid voor de interpretatie van de meerduidige resultaten uit het emotieveld ligt bij de psycholoog zelf. Dit laatste is precies het verschil tussen praktijk en wetenschap. In de praktijk moet je staan voor je eigen interpretatie en de consequenties die dat heeft. Bij wetenschap leg je alleen verantwoording af over de gebruikte methode zodat anderen het onderzoek kunnen repliceren.

---

[1] De hele tekst is hier te downloaden:
http://ipd-community.jouwweb.nl/theory

Gaan we uit van de "Black-Box"-benadering en zijn we als psychologen geïnteresseerd in het gedrag van de mens, met behulp van de benadering van Gé Calis kunnen we nu *in* de Black-Box kijken en zijn we geïnteresseerd in:

1. wat er aan gedrag vooraf gaat c.q. hoe gedrag gestuurd wordt;
2. wat er in de Black-Box zich afspeelt aan onbewuste angsten en trauma's.

De voorwaarde om tot deze inkijk in de Black-Box te komen is een *herhaalbaar antwoord*. Als ik bijvoorbeeld een plaatje van een beer laat zien moet het antwoord steeds beer zijn en niet ineens aap. Het hoeft niet per se een gesproken woord te zijn, het kan ook een bepaalde oogknippering zijn of het aanwijzen van een ander berenplaatje etc. als de reactie maar herhaalbaar is. Zelfs hoeft het antwoord niet beer te zijn maar bijvoorbeeld de knuffelnaam van de beer "Okkie" als dan maar in het vervolg bij de aanbieding van de beer, Okkie volgt.

Cognitiegegevens zijn vooral van belang voor het didactische veld. Beschikt het kind over voldoende begrippen om een les te kunnen volgen? De leerkracht gebruikt bijvoorbeeld de begrippen links en rechts om de kinderen iets duidelijk te maken en zegt: "Links op het bord staan de eigenschappen van vogels en rechts staan de eigenschappen van runderen". Dan gaat de leerkracht ervan uit dat alle kinderen weten wat links en rechts is. Maar is dat ook zo?

Als een kind dat niet weet, dan mist het veel informatie en gaat het daardoor achterlopen bij de leeftijdsgenootjes. Als we met het nieuwe instrument vaststellen dat bij het kind links-rechts als concept ontbreekt, dan kunnen we met een simpele training dit begrip aanleren en zal het kind minder informatie gaan missen. Het lijkt mij een goede praktijk alle kinderen op een aantal basisconcepten te screenen.

Emotiegegevens zijn op veel gebieden van de mens van belang. Onverwerkte trauma's en angsten kunnen de mens behoorlijk in de weg zitten. De moeilijkheid is dat de betrokkene er meestal geen besef van heeft. Met het nieuwe instrument kunnen we onbewuste angsten en trauma's op het spoor komen.

Pestgedrag

Tegenwoordig wordt veel gesproken over pestgedrag op scholen en de ernstige consequenties die het kan hebben.

Het zou dan toch prettig zijn als we een instrument hebben om voor een klas uit te zoeken welke kinderen een bedreiging voor een leerling vormen. Als we weten welke andere leerlingen onbewust door de betreffende leerling als bedreigend ervaren worden dan kunnen we er wat aan doen. Het kan een ingebeelde bedreiging zijn of het kan een echte bedreiging zijn. Een trainingsprogramma kan wonderen doen door leerlingen dichter bij elkaar te brengen waardoor het onderlinge vertrouwen toeneemt en de dreiging verdwijnt.

Is de dreiging meer substantieel, dan moet er meer gedaan worden om de beide partijen bewust te maken wat er aan de hand is. Als gevolg van de bewustwording zal de dreiging afnemen zonder dat men nu ineens dikke vrienden hoeft te worden. De bespreking van de gegevens met de leerkracht kan ook positieve gevolgen hebben in de zin dat de leerkracht meer sensitief wordt voor dreigings- c.q. spanningssignalen.

Ook kan de dreiging van de leerkracht zelf uitgaan. Dan moet er gekeken worden naar waar dat op gebaseerd is: is de dreiging fictief omdat de leerkracht op de boze buurman lijkt of is de dreiging reëel?

Daderherkenning

Ook bij criminele zaken kan het instrument ingezet worden. We zien vaak op tv een line up van mensen waaruit dan de dader gekozen moet worden door het slachtoffer. Dit is mijn inziens een weinig betrouwbare methode omdat zodra degene die aangevallen is de dader herkent er een, afhankelijk van de zwaarte van het vergrijp, enorme angst in het slachtoffer loskomt. Deze angstbeleving kan ervoor zorgen dat juist de persoon die de angst veroorzaakt niet aangewezen wordt.

Benaderen we dit met de ontwikkelde methode dan zal er ook sprake zijn van angstontwikkeling bij de aanbieding van een foto van de dader, maar deze angstontwikkeling wordt minimaal gehouden door de aanbiedingstijd van het daderportret zo kort mogelijk te houden en de taak te focussen op iets onschuldigs: het herkennen van bijvoorbeeld bekende Nederlanders.

Indien er sprake is van angst, zal dat tot gevolg hebben dat de bekende Nederlander minder vaak herkend wordt.

Nu zijn er op dit moment wel gegevens beschikbaar vanuit het cognitieveld maar nog niet uit het emotieveld. Mijn hoop is dat de gegevens uit het emotieveld er zullen gaan komen.

Met een eenvoudig voorbeeld[2] zal ik laten zien hoe de methode werkt in het cognitieveld.

---

[2] Zie voor nieuw begrippengebruik m.b.t. dit onderzoek bijlage 2.

Voorbeeld van onderzoek[3] in het cognitieveld

De vraag zal beantwoord worden: Gebruikt een persoon een Sexe-concept bij het herkennen van personen?

Onder Sexe-concept wordt verstaan het onderscheid tussen man en vrouw.

Wat hebben we nodig?

- Voor cognitieonderzoek twee tachistoscopen;[4]
- Beeldmateriaal voor de herkenningstaak;
- Registratie antwoorden.

Beeldmateriaal bestaat uit:

1. Beeldmateriaal om als eerste aangeboden te worden;
2. Beeldmateriaal dat als tweede aangeboden wordt.

Beeldmateriaal dat als eerste aangeboden wordt is niet gelijk aan beeldmateriaal dat als tweede aangeboden wordt.

Beide sets bestaan uit mannen en vrouwen.
Om de antwoorden te registreren kan een tablet, laptop of PC gebruikt worden.

Taakomschrijving:
De te onderzoeken persoon krijgt na het drukken op de startknop twee foto's c.q. plaatjes snel achter elkaar aangeboden.[5]
In dit onderzoek hebben we twee paren aanbiedingstijd gebruikt:

a. Eerste foto 50 milliseconden gevolgd door tweede foto 30 milliseconden;
b. Eerste foto 70 milliseconden gevolgd door tweede foto 10 milliseconden.

In de analyse is dit de ABTV-variabele (de aanbiedingstijdvolgorde-variabele).

De opdracht is de bekende, dus tweede foto te identificeren.
De keuze[6] van de persoon wordt geregistreerd.

Twee personen hebben we onderzocht: persoon R en persoon E.

---

[3] Zie de bijlage 1 voor de exacte onderzoeksgegevens.
[4] Voor emotie-onderzoek drie of meer tachistoscopen. http://ipd-community.jouwweb.nl/.
[5] In dit onderzoek 80 paren foto's in totaal.
[6] De keuzemogelijkheden waren beperkt tot twee voor de te onderzoeken persoon bekende mannen en vrouwen.

Resultaten:[7]

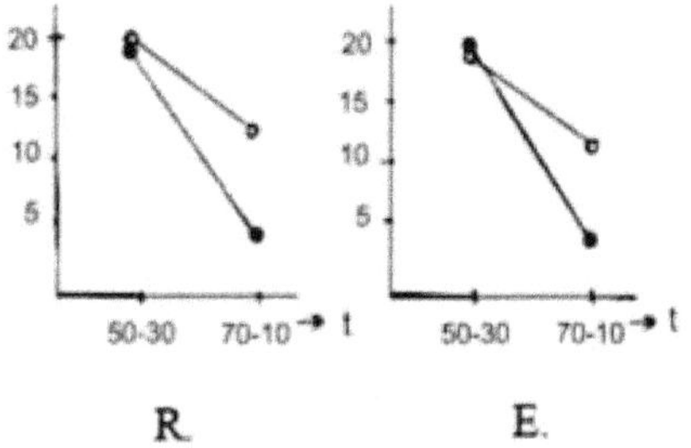

Figuur 1. Resultaten van de te onderzoeken persoon R en persoon E.
x-as: aanbiedingstijdvolgorde ABTV met ABTV1 50-30 en ABTV2 70-10
y-as: aantal goede identificaties (max=20)
Getekende lijnen met de sexe-volgorde SV waarbij:
de bovenste lijnen SV1: man *gevolg door* man en vrouw *gevolgd door* vrouw.
de onderste lijnen SV2: man *gevolgd door* vrouw en vrouw *gevolgd door* man.

Analyse van de onderzoeksgegevens

De analyse van de gegevens uit bijlage 1 laat zien dat beide personen het Sexe-concept gebruiken bij de identificatie van de aangeboden bekende personen.

Het hoofdeffect (ABTV) is bij beide onderzochte personen significant wat de logische veronderstelling bevestigt dat hoe minder tijd een waarnemer krijgt om de tweede foto te identificeren, des te minder goede antwoorden naar voren zullen komen.

Ook de interacties tussen aanbiedingstijdvolgorde (ABTV) en sexevolgorde (SV) zijn significant hetgeen betekent dat er een toenemende differentiatie optreedt tussen de SV1 en de SV2 conditie, waarbij de SV1 conditie boven de SV2 conditie uitkomt en daarmee precies de theorie bevestigt. De theorie zegt namelijk dat als een waarnemer een concept inzet hij of zij dan voordeel heeft als het concept dat op het eerste plaatje is vastgesteld overeenkomt met het geslacht van de persoon op het tweede plaatje (het waarnemend systeem heeft al de juiste mindset, en zo de opgebouwde verwachting bevestigd wordt). En nadeel ondervindt als het vastgestelde concept op het eerste plaatje geen bevestiging vindt met het geslacht van de persoon op het tweede plaatje. Naarmate de tijd om het tweede plaatje te identificeren afneemt zal de differentiatie groter uitvallen. Met andere woorden het voordeel wordt meer pregnant zichtbaar, hoewel het algemene resultaat afneemt.

[7] De ruwe gegevens:
https://frans-coppelmans.jouwweb.nl/psychologie/onderzoeksgegevens

We zien verder dat we met een simpele onderzoeksaanpak en binnen een beperkte onderzoekstijd harde gegevens op tafel kunnen krijgen.

Twee concepten en hun onderlinge relatie

Onderzoeken we de aanwezigheid van twee concepten en hun onderlinge relatie dan zoeken we naar een tweede orde significante interactie als we uitgaan van een hiërarchische relatie.

Bijvoorbeeld Positie van het hoofd als eerste identificatie dan de Sexe van de persoon als tweede identificatie en twee of meer aanbiedingstijden.

Tijd x Positie x Sexe levert een significante tweede orde interactie op bij een hiërarchische relatie tussen Positie en Sexe.

Het is overzichtelijk om eerst te onderzoeken of het concept Positie bij de persoon aanwezig is en of het concept Sexe aanwezig is. Daarna de onderlinge relatie.

Samenvatting onderzoek in cognitieveld

We kunnen stellen dat Gé Calis met deze onderzoeksbenadering een enorme prestatie geleverd heeft. Hij is er in geslaagd in het cognitieve bereik van het psychologisch onderzoek echte gegevens c.q. feiten op tafel te krijgen.

Daarmee heeft hij de grondslag gelegd voor wetenschappelijk *verklarend* psychologisch onderzoek.

Het niet aantreffen van een concept wil nog niet zeggen dat daarmee het onderzoek mislukt is. Zeker bij kinderen zullen we meermaals vaststellen dat een concept niet of nog niet aanwezig is. En dan moeten we ons afvragen of het kind al over dit concept zou moeten beschikken of dat er nog ontwikkelingstijd is in vergelijking met oudere kinderen.

Dus beide uitslagen, het aantreffen van een concept of het afwezig zijn van een concept, zijn waardevolle uitslagen.

Onderzoek in het emotieveld

Hoewel hierover nog geen echte gegevens beschikbaar zijn, wil ik toch een aanzet geven om te laten zien hoe we tot zinvolle gegevens kunnen komen. Laten we daarvoor een simpele angsttest ontwikkelen:

Iemand heeft bijvoorbeeld angst voor honden.
Hoe kunnen we dit met het nieuwe instrument aantonen?

We verzamelen twee sets beeldmateriaal:

a. Eerste set met een aantal verschillende dieren waaronder honden, aangevuld met een aantal neutrale foto's van mensen of landschappen;
b. Een tweede set met een aantal voor de te onderzoeken persoon bekende Nederlanders.

Nu bieden we deze twee sets beeldmateriaal als volgt aan:
Eerste foto of plaatje uit de eerste set gevolg door een plaatje uit de tweede set.

We variëren zowel de aanbiedingstijd van het eerste plaatje als die van het tweede plaatje.

De verwachting is dan: als de te onderzoeken persoon angst heeft voor honden[8], dan zullen er minder goede identificaties zijn van bekende Nederlanders als honden voorafgaan dan in vergelijking met andere dieren, mensen en landschappen uit de eerste set.

Dit onderzoek kan met twee tachistoscopen gerealiseerd worden.

Willen we het angsteffect vergroten, want een plaatje is maar een plaatje, dan voegen we een *beweging* toe:
Eerst de hond in het klein gevolgd door dezelfde hond maar dan wat groter gevolgd door de te identificeren bekende Nederlander.

De overgang kleine hond naar grote hond roept een *naderende* beweging op en als er al angst voor een hond is, dan is de angst groter voor een naderende hond.

---

[8] Als we helemaal niet weten waar de te onderzoeken persoon bang voor is kunnen we dit instrument exploratief inzetten door een groot aantal verschillende thema's als eerste foto aan te bieden en dan langzaam de gebieden in te perken totdat de hoofdoorzaken van angst gevonden zijn.

En zal het aantal goede identificaties van bekende Nederlanders na deze naderende hond nog meer dalen.

Om deze drie stappen te realiseren zijn drie tachistoscopen nodig.

Een psycholoog die bijvoorbeeld goed ingevoerd is met kleuren of symbolen en hun diepere betekenis, kan ook in de eerste set aan te bieden foto's een aantal kleuren of symbolen toevoegen en kijken bij welke kleuren of symbolen er uitval te constateren is.

Dit kan de diagnostiek samen met andere gegevens over de te diagnosticeren persoon een heel stuk verder helpen en verdiepen.

De cognitie- en emotiebenadering doen een beroep op het creatieve vermogen van de psycholoog-onderzoeker.

Verwijzingen

Calis, G.J.J. (1974). Op het eerste gezicht. Onmiddellijke waarneming en gelaatsherkenning, dissertatie, Nijmegen 1974.

Calis, G. J., Sterenborg, J., & Maarse, F. (1984). Initial microgenetic steps in single-glance face recognition. Acta Psychologica, 55(3), 215-230.

Sterenborg, J. (2018). New Resources for Individual Psychological Diagnosis Version 3.0. Amsterdam: Brave New Books.
Download: http://ipd-community.jouwweb.nl/theory

Internet

Onderzoeksgegevens R en E:
https://frans-coppelmans.jouwweb.nl/psychologie/onderzoeksgegevens

Tachistoscoop:
http://ipd-community.jouwweb.nl/

Contactadres auteur:
website.vcr@gmail.com

Bijlage 1

Opbouw onderzoek

In het hierna beschreven onderzoek wordt uitgegaan van de benadering van dr. Gé Calis[9].

Calis toonde aan dat bij het herkennen van personen het waarnemingsproces hiërarchisch georganiseerd is. Dat betekent dat minimaal twee concepten een hiërarchische relatie ten opzichte van elkaar hebben. Dus eerst wordt het eerste concept vastgesteld en dan daarna in relatie tot het eerste concept een tweede concept.

Het onderzoek dat in dit boekje beschreven wordt gebruikt slechts één concept om de benadering van Calis meer toegankelijk te maken. Tevens wordt aangeven hoe men de relatie tussen twee concepten kan onderzoek en kan vaststellen of die relatie een hiërarchische is.

Het onderzoek ziet er als volgt uit:
De te onderzoeken persoon krijgt heel snel na elkaar twee foto's van personen aangeboden. De te beantwoorden vraag voor de te onderzoeken persoon is: wie heb je gezien?

Bij het onderzoek van Calis werden zowel als eerste aan te bieden foto als de tweede aan te bieden foto, personen gebruikt uit *dezelfde* set.

In het onderzoek dat in dit boekje beschreven wordt, worden *verschillende* sets gebruikt voor de eerste en de tweede foto, waarbij de tweede set personen bestaat uit personen die de te onderzoeken persoon kent of door een korte training bekend geworden zijn.

De vraag in dit onderzoek is: Welke voor jou bekende persoon heb je gezien? Verwijzend naar een persoon uit de tweede set.

Het onderzoek is gericht op de individuele persoon, dus geen groeps-onderzoek, N=1.

Twee personen deden mee aan het onderzoek R en E.

---

[9] Calis, G. J., Sterenborg, J., & Maarse, F. (1984). Initial microgenetic steps in single-glance face recognition. Acta Psychologica, 55(3), 215-230.

Vraagstelling
Gebruikt de te onderzoeken persoon een Sexe-concept bij het herkennen of identificeren van personen?

Onder Sexe-concept wordt verstaan het onderscheid tussen mannen en vrouwen.

Aantal items in de eerste set
De eerste set foto's bestond uit 8 mannen en 8 vrouwen. Deze set kan met de huidige middelen veel uitgebreider zijn. Via het internet kun je in korte tijd talloze mannen en vrouwen gezichten verzamelen en die in een dataset stoppen waaruit dan at random gekozen kan worden. Ten tijde van dit onderzoek (1983) werkte ik met twee Kodak Carrousel diaprojectoren die aangestuurd konden worden door een computer. Hierdoor was het mogelijk een individuele dia te selecteren voor projectie. Iedere carrousel kon 80 dia's bevatten. Beide dia-projectoren waren voorzien van een elektronische sluiter waarvan door middel van computeraansturing de aanbiedingstijden zeer nauwkeurig mee ingesteld konden worden.

Foto's voor de beide sets werden gemaakt door een fotograaf en omdat er weinig budget beschikbaar was, werd het aantal personen sterk gereduceerd om de kosten zo laag mogelijk te houden.

Aantal items in de tweede set
Het aantal te herkennen bekende personen bestond uit 2 mannen en 2 vrouwen. Dit aantal kan uitgebreid worden wat betekent dat het onderzoek langer gaat duren. In dit onderzoek is geprobeerd de duur van het onderzoek zo beperkt mogelijk te houden mede met het oog op de toepasbaarheid van de benadering in de praktijk. Daarvoor zijn voor de tweede set twee mannen en twee vrouwen een minimale voorwaarde, er moet binnen iedere optie een keuze mogelijk zijn.

Aanbiedingstijden
Twee aanbiedingswijzen werden gekozen gebaseerd op oude onderzoeks-gegevens[10]:

- Eerste aanbiedingswijze: 50 milliseconden voor de eerste foto en 30 milliseconden voor de tweede foto.
- Tweede aanbiedingswijze: 70 milliseconden voor de eerste foto en 10 milliseconden voor de tweede foto.

[10] Zie bijlage 3.

Voor de statistische analyse wordt de aanbiedingswijze als volgt benoemd:
Aanbiedingstijdvolgorde afgekort ABTV waarbij:
ABTV1 = voor de eerste foto 50 milliseconden *gevolgd door* de tweede foto 30 milliseconden.
ABTV2 = voor de eerste foto 70 milliseconden *gevolgd door* de tweede foto 10 milliseconden.

Opbouw aan te bieden fotoparen

Uitgaande van twee aanbiedingstijden en de eerste set bestaande uit acht mannen en vrouwen en de tweede set bestaande uit twee mannen en vrouwen, werden vijf blokken van zestien aan te bieden foto paren samengesteld. In totaal voor dit onderzoek tachtig fotoparen. Dit komt neer op een onderzoektijd van tussen de 30 en 40 minuten per te onderzoeken persoon.

De blokken van 16 fotoparen kwamen als volgt tot stand:

De foto's uit de tweede set werden 4 keer herhaald in dezelfde volgorde, daarna werd per blok van vier de volgorde gerandomiseerd zonder teruglegging. De eerste twee blokken vielen onder aanbiedingstijdvolgorde 50/30 en de tweede twee blokken onder aanbiedingstijdvolgorde 70/10. Binnen 1 blok van 16 kwamen alle antwoord-alternatieven 4 maal voor.

Vervolgens werd een blok van 4 mannen (de mannen werden at rondom zonder teruglegging uit de eerste set getrokken) gekoppeld aan het eerste blok van de tweede set daarna een blok van 4 vrouwen (de vrouwen werden at random zonder teruglegging uit de eerste set getrokken) aan het tweede blok van de tweede set dan weer een blok van 4 mannen (wederom ad random trekking zonder teruglegging) aan het derde blok van de tweede set en tenslotte een blok van 4 vrouwen (eveneens ad random trekking zonder teruglegging) aan het vierde blok van de tweede set (Figuur 2).

Zo ontstonden 4 verschillende fotoparen:
1. Man *gevolgd door* man
2. Vrouw *gevolgd door* vrouw
3. Man *gevolgd door* vrouw
4. Vrouw *gevolgd door* man

Alle paren kwamen binnen een blok van 16 even vaak voor.

Voor de statistische analyse worden deze vier fotoparen benoemd als sexevolgorde afgekort SV waarbij:
SV1 = man *gevolgd door* man en vrouw *gevolgd door* vrouw combinaties.
SV2 = man *gevolgd door* vrouw en vrouw *gevolgd door* man combinaties.

Tenslotte werd het hele blok van 16 gerandomiseerd en door deze aanpak te herhalen ontstonden 5 blokken per te onderzoeken persoon:[11]

Subject R.

1	1	2	11	1
2	1	2	14	4
3	2	1	9	4
4	2	2	2	3
5	1	1	6	2
6	1	1	8	4
7	2	1	5	2
8	2	1	16	3
9	1	1	3	1
10	1	2	10	2
11	1	2	15	3
12	1	1	7	3
13	2	2	12	1
14	2	1	4	1
15	2	2	1	4
16	2	2	13	2
17	1	2	9	3
18	1	2	8	2
19	2	1	2	1
20	1	2	11	1
21	2	1	3	2
22	2	2	16	3
23	2	1	12	3
24	1	2	6	4
25	1	1	13	3
26	1	1	1	1
27	2	1	5	4
28	2	2	15	2
29	1	1	10	2
30	2	2	7	4
31	2	2	14	1
32	1	1	4	4
33	2	2	13	4
34	2	1	7	2
35	2	1	16	1
36	1	1	8	2
37	1	2	9	1
38	1	1	11	1
39	1	1	4	4
40	1	1	5	3
41	2	1	10	3
42	2	1	3	4
43	2	2	1	2
44	1	2	15	3
45	1	2	2	2
46	2	2	12	1
47	2	2	14	3
48	1	2	6	4
49	2	2	5	4
50	2	1	12	1
51	1	1	9	1
52	1	1	10	2
53	2	1	1	2
54	1	1	15	3
55	1	2	2	4
56	1	2	11	3
57	2	1	3	4
58	2	2	13	2
59	2	2	14	3
60	1	2	7	1
61	1	2	8	2
62	2	1	4	3
63	2	2	6	1
64	1	1	16	4
65	1	2	7	3
66	1	2	12	2
67	2	2	11	2
68	2	2	6	1
69	2	1	15	4
70	2	2	3	4
71	2	1	10	3
72	2	2	16	3
73	1	1	9	3
74	1	1	1	1
75	2	1	14	1
76	1	1	8	2
77	1	2	2	4
78	2	1	5	2
79	1	1	4	4
80	1	2	13	1

Subject E.

1	1	2	11	1
2	1	2	14	4
3	2	1	9	4
4	2	2	2	3
5	1	1	6	2
6	1	1	8	4
7	2	1	5	2
8	2	1	16	3
9	1	1	3	1
10	1	2	10	2
11	1	2	15	3
12	1	1	7	3
13	2	2	12	1
14	2	1	4	1
15	2	2	1	4
16	2	2	13	2
17	1	2	9	3
18	1	2	8	2
19	2	1	2	1
20	1	2	11	1
21	2	1	3	2
22	2	2	16	3
23	2	1	12	3
24	1	2	6	4
25	1	1	13	3
26	1	1	1	1
27	2	1	5	4
28	2	2	15	2
29	1	1	10	2
30	2	2	7	4
31	2	2	14	1
32	1	1	4	4
33	2	2	13	4
34	2	1	7	2
35	2	1	16	1
36	1	1	8	2
37	1	2	9	1
38	1	1	11	1
39	1	1	4	4
40	1	1	5	3
41	2	1	10	3
42	2	1	3	4
43	2	2	1	2
44	1	2	15	3
45	1	2	2	2
46	2	2	12	1
47	2	2	14	3
48	1	2	6	4
49	2	2	5	4
50	2	1	2	1
51	1	1	9	1
52	1	1	10	2
53	2	1	1	2
54	1	1	15	3
55	1	2	2	4
56	1	2	11	3
57	2	1	3	4
58	2	2	13	2
59	2	2	14	3
60	1	2	7	1
61	1	2	8	2
62	2	1	4	3
63	2	2	6	1
64	1	1	16	4
65	1	2	7	3
66	1	2	12	2
67	2	2	11	2
68	2	2	6	1
69	2	1	15	4
70	2	2	3	4
71	2	1	10	3
72	2	2	16	3
73	1	1	9	3
74	1	1	1	1
75	2	1	14	1
76	1	1	8	2
77	1	2	2	4
78	2	1	5	2
79	1	1	4	4
80	1	2	13	1

Kolom 1: volgorde nummer
Kolom 2: 1 is SV1
2 is SV2
Kolom 3: 1 is ABTV1 50/30
2 is ABTV2 70/10
Kolom 4: 1,3,5,7,9,11,13,15,17
is een man uit set1
2,4,6,8,10,12,14,16
is een vrouw uit set1
Kolom 5: 1,3 is een man uit set2
2,4 is een vrouw uit set2

Figuur 2. De aan te bieden fotoparen (kolom 4 eerste set en kolom 5 tweede set) met in kolom 2 de sexevolgorde (SV) en in kolom3 de aanbiedingstijdvolgorde (ABTV).

We zien dat de gerandomiseerde volgorde voor subject R en subject E hetzelfde is. Dit kan eenvoudig verschillend gemaakt worden door de tweede reeks opnieuw per blok van 16 te randomiseren maar omdat de analyse zich richt op iedere persoon apart, heeft dit geen nadelig effect.

---

[11] Vijf blokken is een arbitraire keuze. De onderzoeker is vrij meerdere blokken toe te voegen. De keuze voor vijf blokken is gemaakt om de te onderzoeken persoon zo min mogelijk te belasten en de duur van het onderzoek beperkt te houden.

Uitvoering van het onderzoek

De te onderzoeken personen werden bekend gemaakt met de antwoord-alternatieven door een korte training. Als de personen op de foto's enige malen 100% correct waren geïdentificeerd kon het echte onderzoek beginnen.

De antwoord-alternatieven liepen via een knoppenkastje synchroon met de foto's uit de tweede set. Dus foto 1 uit de tweede set werd gekoppeld aan knopje 1 en foto 2 aan knopje 2 en foto 3 aan knopje 3 en foto 4 aan knopje 4.

Door te drukken op een startknop werd een foto paar aangeboden op een scherm. En na een keuze gemaakt te hebben kon het volgende fotopaar aangeboden worden.

Hieronder de 5 blokken met foto paren en de gegeven antwoorden met in de laatste kolom een aanduiding of het antwoord goed(+) dan wel fout(-) was.

Subject R.

1	1	2	11	1	1	+
2	1	2	14	4	2	-
3	2	1	9	4	4	+
4	2	2	2	3	3	+
5	1	1	6	2	2	+
6	1	1	8	4	4	+
7	2	1	5	2	2	+
8	2	1	16	3	3	+
9	1	1	3	1	1	+
10	1	2	10	2	2	+
11	1	2	15	3	3	+
12	1	1	7	3	3	+
13	2	2	12	1	2	-
14	2	1	4	1	1	+
15	2	2	1	4	3	-
16	2	2	13	2	1	-
17	1	2	9	3	3	+
18	1	2	8	2	2	+
19	2	1	2	1	1	+
20	1	2	11	1	1	+
21	2	1	3	2	2	+
22	2	2	16	3	2	-
23	2	1	12	3	3	+
24	1	2	6	4	4	+
25	1	1	13	3	3	+
26	1	1	1	1	1	+
27	2	1	5	4	4	+
28	2	2	15	2	2	+
29	1	1	10	2	2	+
30	2	2	7	4	3	-
31	2	2	14	1	2	-
32	1	1	4	4	4	+
33	2	2	13	4	3	-
34	2	1	7	2	2	+
35	2	1	16	1	1	+
36	1	1	8	2	2	+
37	1	2	9	1	2	-
38	1	1	11	1	1	+
39	1	1	4	4	4	+
40	1	1	5	3	3	+
41	2	1	10	3	3	+
42	2	1	3	4	4	+
43	2	2	1	2	2	+
44	1	2	15	3	3	+
45	1	2	2	2	2	+
46	2	2	12	1	4	-
47	2	2	14	3	2	-
48	1	2	6	4	4	+
49	2	2	5	4	2	-
50	2	1	12	1	1	+
51	1	1	9	1	1	+
52	1	1	10	2	2	+
53	2	1	1	2	2	+
54	1	1	15	3	3	+
55	1	2	2	4	2	-
56	1	2	11	3	2	-
57	2	1	3	4	4	+
58	2	2	13	2	3	-
59	2	2	14	3	2	-
60	1	2	7	1	4	-
61	1	2	8	2	2	+
62	2	1	4	3	1	-
63	2	2	6	1	4	-
64	1	1	16	4	4	+
65	1	2	7	3	3	+
66	1	2	12	2	2	+
67	2	2	11	2	2	+
68	2	2	6	1	4	-
69	2	1	15	4	4	+
70	2	2	3	4	1	-
71	2	1	10	3	3	+
72	2	2	16	3	1	-
73	1	1	9	3	3	+
74	1	1	1	1	1	+
75	2	1	14	1	1	+
76	1	1	8	2	2	+
77	1	2	2	4	2	-
78	2	1	5	2	2	+
79	1	1	4	4	4	+
80	1	2	13	1	3	-

Subject E.

1	1	2	11	1	1	+
2	1	2	14	4	2	-
3	2	1	9	4	4	+
4	2	2	2	3	3	+
5	1	1	6	2	2	+
6	1	1	8	4	4	+
7	2	1	5	2	2	+
8	2	1	16	3	3	+
9	1	1	3	1	1	+
10	1	2	10	2	4	-
11	1	2	15	3	3	+
12	1	1	7	3	3	+
13	2	2	12	1	4	-
14	2	1	4	1	1	+
15	2	2	1	4	0	-
16	2	2	13	2	3	-
17	1	2	9	3	0	-
18	1	2	8	2	4	-
19	2	1	2	1	1	+
20	1	2	11	1	1	+
21	2	1	3	2	2	+
22	2	2	16	3	3	+
23	2	1	12	3	3	+
24	1	2	6	4	4	+
25	1	1	13	3	3	+
26	1	1	1	1	1	+
27	2	1	5	4	4	+
28	2	2	15	2	1	-
29	1	1	10	2	2	+
30	2	2	7	4	3	-
31	2	2	14	1	2	-
32	1	1	4	4	4	+
33	2	2	13	4	3	-
34	2	1	7	2	2	+
35	2	1	16	1	1	+
36	1	1	8	2	2	+
37	1	2	9	1	1	+
38	1	1	11	1	1	+
39	1	1	4	4	2	-
40	1	1	5	3	3	+
41	2	1	10	3	3	+
42	2	1	3	4	4	+
43	2	2	1	2	2	+
44	1	2	15	3	1	-
45	1	2	2	2	2	+
46	2	2	12	1	1	+
47	2	2	14	3	2	-
48	1	2	6	4	4	+
49	2	2	5	4	2	-
50	2	1	2	1	1	+
51	1	1	9	1	1	+
52	1	1	10	2	2	+
53	2	1	1	2	2	+
54	1	1	15	3	3	+
55	1	2	2	4	4	+
56	1	2	11	3	3	+
57	2	1	3	4	4	+
58	2	2	13	2	0	-
59	2	2	14	3	0	-
60	1	2	7	1	1	+
61	1	2	8	2	2	+
62	2	1	4	3	3	+
63	2	2	6	1	4	-
64	1	1	16	4	4	+
65	1	2	7	3	1	-
66	1	2	12	2	2	+
67	2	2	11	2	1	-
68	2	2	6	1	0	-
69	2	1	15	4	4	+
70	2	2	3	4	2	-
71	2	1	10	3	3	+
72	2	2	16	3	0	-
73	1	1	9	3	3	+
74	1	1	1	1	1	+
75	2	1	14	1	1	+
76	1	1	8	2	2	+
77	1	2	2	4	3	-
78	2	1	5	2	2	+
79	1	1	4	4	4	+
80	1	2	13	1	3	-

Figuur 3. De aan te bieden fotoparen (kolom 4 eerste set en kolom 5 tweede set) met in kolom 2 de sexevolgorde (SV) en in kolom3 de aanbiedingstijdvolgorde (ABTV). In kolom 6 het gegeven antwoord door de te onderzoeken persoon (0= weet niet) en in kolom 7 of het antwoord goed (+) dan wel fout(-) was.

Resultaten

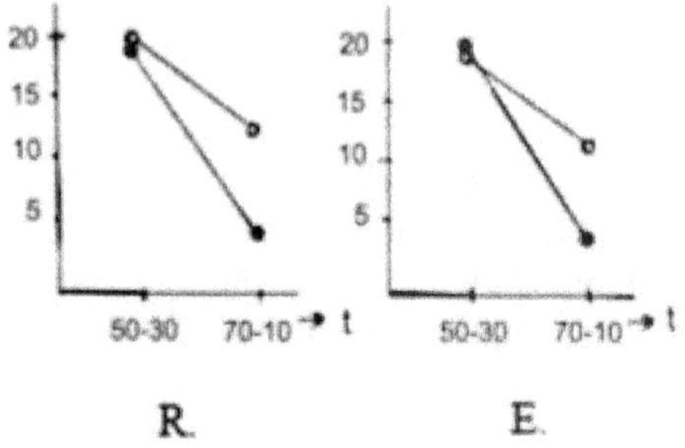

Figuur 4. Resultaten van de te onderzoeken persoon R en persoon E.
x-as: aanbiedingstijdvolgorde ABTV met ABTV1 50-30 en ABTV2 70-10
y-as: aantal goede identificaties (max=20)
Getekende lijnen met de sexe-volgorde SV waarbij:
de bovenste lijnen SV1: man *gevolg door* man en vrouw *gevolgd door* vrouw.
de onderste lijnen SV2: man *gevolgd door* vrouw en vrouw *gevolgd door* man.

Analyse van de resultaten

Wat kunnen we volgens de theorie van Calis verwachten?

Volgens de theorie kunnen we verwachten:

1. Dat naarmate we minder tijd krijgen iets waar te nemen, het aantal goede identificaties zal dalen. Dit is een voor de hand liggende logica, die echter wel aangetoond moet worden.
   Omgezet in analysetermen: we verwachten een significant hoofdeffect met de aanbiedingstijdvolgorde (ABTV in de analysetabel).
2. Om aan te tonen dat het beoogde concept in de waarneming een rol speelt, moeten we laten zien dat:
   a. er een tijdconditie is waarin er een verschil optreedt tussen de SV1- en de SV2-conditie, waarbij de SV1-conditie boven de SV2-conditie ligt met betrekking tot het aantal goede antwoorden en
   b. er een tweede tijdconditie is waarin dit verschil niet dan wel minder of meer is dan het in punt a vastgestelde verschil.
   Niet en minder betekent iets meer tijd voor de tweede foto en meer betekent minder tijd voor de tweede foto.

Oplopend verschil bij afnemende aanbiedingstijd en afnemend verschil bij toenemende aanbiedingstijd voor de tweede foto. Dit is cruciaal voor het aantonen van het aanwenden van een concept.

We bevinden ons tussen twee extremen:

A. Het eerste extreem is de situatie waarbij de tweede foto voldoende tijd krijgt om geïdentificeerd te worden, wat er ook aan voorafgaat. In ons onderzoek is dat bij 30 milliseconden.
B. Het tweede extreem is dat de aanbiedingstijd voor de tweede foto de 0 milliseconden bereikt. Er is dan niets meer te identificeren en we houden dan gokgedrag over bij een beperkt aantal antwoord-alternatieven.

Tussen beide extremen (tussen 30 en 0 milliseconden voor de tweede foto) ligt een gebied waar de waarnemer in toenemende mate (bij afnemende aanbiedingstijd voor de tweede foto) *voordeel* heeft in een SV1 situatie. En in toenemende mate *nadeel* heeft in de SV2 situatie. Hierdoor neemt het verschil in goede identificaties tussen SV1 en SV2 *toe* als de aanbiedingstijd voor de tweede foto *afneemt,* terwijl het algemene identificatie niveau daalt.

De toename van de differentiatie in de data is zichtbaar als een significant eerste orde interactie-effect tussen aanbiedingstijd-volgorde en sexevolgorde (ABTV*SV in de analysetabel).

Verschillen binnen de sexevolgorde-conditie kunnen voor de verschillende aanbiedingstijdvolgorde-condities apart vastgesteld worden (met bv de Pearsontest), maar het kan ook in één keer door een interactie tussen aanbiedingstijdvolgorde (ABTV) en sexevolgorde (SV) vast te stellen (Anova).

Omgezet in analysetermen: we verwachten een significant interactie-effect (eerste orde interactie) tussen aanbiedingstijdvolgorde en sexe-volgorde (ABTV*SV in de analysetabel). Als deze interactie aangetroffen wordt en significant is, is het tevens de bevestiging van de hypothese: Het beoogde concept is actief binnen de onderzochte persoon bij de herkenning van personen.

Analyse[12] onderzochte persoon E

ANOVA - Antwoord

Cases	Sum of Squares	df	Mean Square	F	p
ABTV	6.613	1	6.613	56.151	< .001
SV	0.612	1	0.612	5.201	0.025
ABTV ∗ SV	1.012	1	1.012	8.598	0.004
Residual	8.950	76	0.118		

Note. Type III Sum of Squares

Figuur 5. Statistische analyse van de te onderzoeken persoon E.

We zien een significant hoofdeffect wat betreft de aanbiedingstijdvolgorde (ABTV) en vervolgens een significante interactie tussen aanbiedingstijdvolgorde en sexevolgorde (ABTV*SV).

Voor de onderzochte persoon E kunnen we vaststellen dat persoon E bij het herkennen van personen het Sexe-concept inzet.

Analyse onderzochte persoon R

ANOVA - Antwoord

Cases	Sum of Squares	df	Mean Square	F	p
ABTV	6.050	1	6.050	52.851	< .001
SV	1.250	1	1.250	10.920	0.001
ABTV ∗ SV	0.800	1	0.800	6.989	0.010
Residual	8.700	76	0.114		

Note. Type III Sum of Squares

Figuur 6. Statistische analyse van de te onderzoeken persoon R.

Hetzelfde beeld als bij onderzochte persoon E wat ook hier de conclusie rechtvaardigt dat onderzochte persoon R bij het herkennen van personen het Sexe-concept inzet.

Voorzichtige conclusie is tevens dat persoon R dit concept zwaarder inzet dan persoon E. De p-waarde[13] voor SV (sexevolgorde) als hoofdeffect bij persoon R is 0.001 en bij persoon E is 0.025.

Beide onderzoeken bevestigen de onderzoeksbenadering van Gé Calis.

---

[12] Analyses werden uitgevoerd met het programma JASP https://jasp-stats.org/

[13] Meestal wordt er een p-waarde aangenomen van p <0.05 om over een significant effect te kunnen spreken. We zien in bovenstaande berekeningen dat de p-waarden vele male kleiner zijn dan de 0.05 en we kunnen daarom spreken van zeer significante effecten in beide onderzoeken.

Discussie

Uit de analyse wordt duidelijk dat de aanpak van Calis hout snijdt en zeer nuttig kan zijn in de praktijksetting vanwege de te overziene duur van het onderzoek.

De onderzoeksmogelijkheden zijn door de technische vooruitgang sinds 1983 enorm toegenomen. Het is veel eenvoudiger fotomateriaal in grote aantallen te verzamelen. Ook is het nu mogelijk via de computer de foto's door middel van een tachistoscoop[14] aan te bieden waardoor het geheel nog flexibeler is geworden, we hoeven geen dia's meer te maken.

Niets staat mijn inziens nog in de weg om vele concepten en hun onderlinge relaties op te sporen. Bovendien opent de benadering een rijk onderzoeksveld op het gebied van de emotie.

---

[14] Voor een eenvoudig ontwerp van een moderne tachistoscoop: http://ipd-community.jouwweb.nl/

Bijlage 2

Nieuwe begrippen

Wie het werk van Gé Calis wil doorgronden moet rekening houden met nieuwe begrippen. Zo kennen we bijvoorbeeld het begrip positie met de extremen links en rechts of het begrip sexe met de extremen man en vrouw.

In ons normale taalgebruik staan we daar niet eens meer bij stil. Binnen het onderzoek komt er nog een aspect bij namelijk de volgorde in de tijd.
Bijvoorbeeld een plaatje met een gezicht erop dat naar links kijkt, gevolgd in de tijd door een plaatje met een gezicht erop dat naar rechts kijkt.

Of in geval van het begrip sexe een plaatje met het gezicht erop van een vrouw, gevolgd door een plaatje met het gezicht erop van een man. Een heel kort filmpje van twee frames.

Het taalgebruik van het concept begrip wordt nu uitgebreid met **gevolgd door** of **volgorde.** Het een na het ander.

Positie wordt dan positievolgorde en sexe wordt sexevolgorde.
Uitgeschreven wordt dat in geval van positie:

1. Plaatje met gezicht naar links *gevolgd door* plaatje met gezicht naar links.
2. Plaatje met gezicht naar rechts *gevolgd door* plaatje met gezicht naar rechts.
3. Plaatje met gezicht naar links *gevolgd door* plaatje met gezicht naar rechts.
4. Plaatje met gezicht naar rechts *gevolgd door* een plaatje met gezicht naar links.

En voor sexe:

1. Plaatje met vrouw *gevolgd door* plaatje met vrouw.
2. Plaatje met man *gevolgd door* plaatje met man.
3. Plaatje met vrouw *gevolgd door* plaatje met man.
4. Plaatje met man *gevolgd door* plaatje met vrouw.

En zo ontstaat voor positie de onafhankelijke variabele positievolgorde (PV)
En voor sexe de onafhankelijke variabele sexevolgorde (SV)

Positievolgorde (PV) kent dan twee extremen:
PV1: 1 en 2 samengevoegd:
links *gevolgd door* links en rechts *gevolgd door* rechts.
PV2: 3 en 4 samengevoegd:
links *gevolgd door* rechts en rechts *gevolgd door* links.

Sexevolgorde (SV) kent dan twee extremen:
SV1: 1 en 2 samengevoegd:
vrouw *gevolgd door* vrouw en man *gevolgd door* man.
SV2: 3 en 4 samengevoegd:
vrouw *gevolgd door* man en man *gevolgd door* vrouw.

Het is even wennen maar naarmate men meer zelf met dit soort onderzoek werkt, wordt het vanzelf duidelijk.

Zo ook met de aanbiedingswijzen van de twee plaatjes als onafhankelijke variabele:
Aanbiedingstijdvolgorde afgekort ABTV waarbij als voorbeeld:
ABTV1: eerste plaatje 50 milliseconden *gevolgd door* tweede plaatje 30 milliseconden.
ABTV2: eerste plaatje 70 milliseconden *gevolgd door* tweede plaatje 10 milliseconden.

Als afhankelijke variabele geldt dan de gegeven identificatie door de te onderzoeken persoon, die dan goed of fout kan zijn.

Bijlage 3

Oud onderzoek
Calis start zijn onderzoeken naar de geheimen van de waarneming met observaties: wat zien mensen als ze heel kort een foto van een persoon aangeboden krijgen en welke details zijn makkelijker of moeilijker waarneembaar. Talloze protocollen werden opgesteld en verwerkt tot onderstaande overzichten.

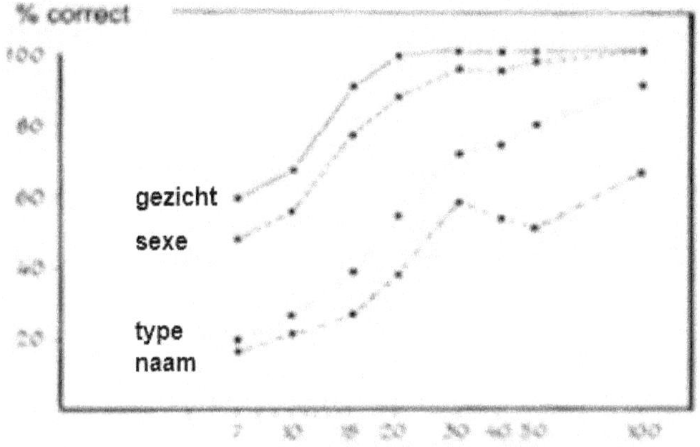

Figuur 7. Percentage correcte identificaties voor enkele "open-end" categorieën bij onverwachte portrait presentaties in functie van de presentatietijd.

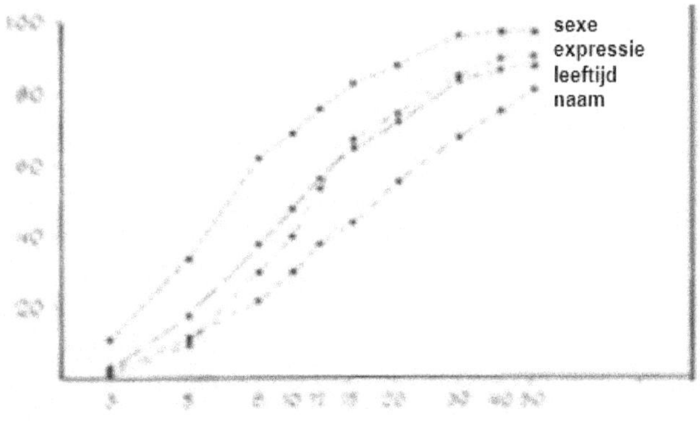

Figuur 8. Percentage correcte identificaties voor enkele geprecodeerde categorieën bij verwachte portraitpresentaties en vrije antwoordkeuze In functie van de presentatietijd.

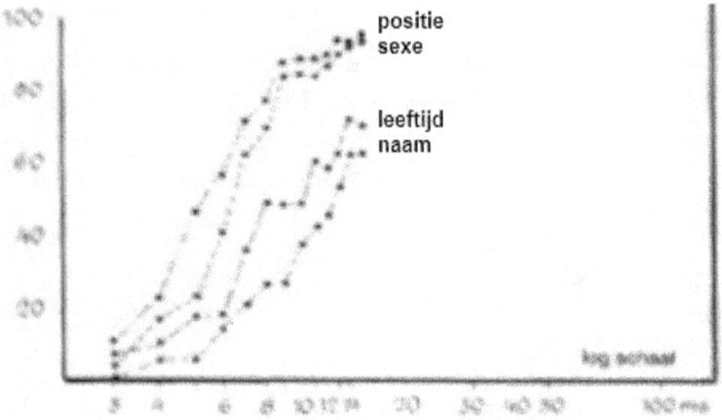

Figuur 9. Percentage correcte identificaties voor enkele geprecodeerde categorieën bij verwachte portrait presentaties en gedwongen antwoordkeuze in functie van de presentatietijd.
Uit het proefschrift van Calis (1974), bladzijde 65.

Monnikenwerk dat leidde tot de idee dat er sprake zou kunnen zijn van een hiërarchisch waarnemingsproces. Deze neerslag van resultaten was voor Calis echter nog niet genoeg om tot de conclusie te komen dat het waarnemingsproces in zijn actuele werking ook hiërarchisch georganiseerd is.

Hij beschouwde de resultaten als de neerslag van zijn observaties en nog niet als bewijs van werking. Hierop volgde talloze experimenten om de hiërarchische werking aan te tonen met als uiteindelijk resultaat de ontwikkeling van het dubbelstimulatie-paradigma waarin twee plaatjes snel achter elkaar werden aangeboden. Deze opzet leidde tot het bewijs dat het waarnemingsproces hiërarchisch georganiseerd is. Het bewijs omvatte twee hiërarchisch gerelateerde concepten. De gehanteerde concepten waren positie en identiteit:

Positie	Pos-	A en B staan in verschillende posities, de neuspunt van A wijst b.v. naar links, die van B naar rechts.
	Pos+	A en B staan in dezelfde positie.
Identiteit	Set-	A en B zijn genomen uit verschillende subklassen. We zullen slechts twee subklassen hanteren: brildragers en niet-brildragers.
	Set+	A en B zijn genomen uit dezelfde subklasse, dus dragen beiden een bril of beiden geen bril.
	ID	A en B zijn bovendien foto's van hetzelfde fotomodel.

Figuur 10. Uit het proefschrift van Calis (1974), bladzijde 145.

Met een significant tweede orde interactie effect werd het bewijs geleverd. Dit onderzoek werd herhaald met behulp van meer geavanceerde apparatuur met hetzelfde resultaat. Dit herhalingsonderzoek is gepubliceerd in Acta Psychologica (1984).

Wie het proefschrift van Gé Calis wil inzien vindt een facsimile en een OCR bewerking van het proefschrift op: www.lulu.com

Facsimile:
http://www.lulu.com/content/paperback/op-het-eerste-gezicht-facsimile-isbn/21591679
OCR:
http://www.lulu.com/content/paperback/op-het-eerste-gezicht-ocr-isbn/21591062

De PDF versies kunt u opvragen via website.vcr@gmail.com

Het proefschrift omvat zowel de filosofische achtergronden bij het thema waarneming als wel als de onderzoeksgang van *beschrijvende* observatie naar *verklarend* experiment.

Bijlage 4

De tachistoscoop

Calis gebruikte voor zijn onderzoek verschillende tachistoscopen die steeds meer geavanceerd werden. Hieronder enige fragmenten uit het proefschrift:

> Een tweekanaalstachistoscoop (Bettendorf) voor kaarten van 130 x 180 mm.
>
> Een driekanaalstachistoscoop (Scientific Prototype type GB) voor kaartpresentaties.
>
> Tijdens deze periode van ons onderzoek kwam echter een 6-kanaals stereo-tachistoscoop ter beschikking van onze onderzoeksafdeling, waarbij de stimulus-invoer was geautomatiseerd. Deze tachistoscoop, evenals de reeds genoemde 3-kanaals tachistoscoop van het merk "Scientific Prototype", maakt daartoe geen gebruik van kaarten, maar van dia's, die in twee magazijnen met elk een capaciteit van 100 stuks, in het apparaat worden geplaatst. Na elke stimulus-presentatie, die ook hier via een drukknop door het subject zelf wordt gestart, kan het apparaat automatisch de dia's wisselen, zodat zeer snel een volgende presentatie mogelijk wordt. Afhankelijk van de ervaring en snelheid van de proefpersoon konden we op deze wijze binnen dezelfde tijd twee tot viermaal zoveel aanbiedingen geven en antwoorden verwerken.
>
> Te overwegen valt of daarom toch weer niet beter kan worden overgeschakeld op binoculaire presentatie, mede omdat bij de nu gebruikte langere presentatie-tijden het effect van storende perifeer retinale interakties niet zo groot meer kan zijn. Behalve aan een automatische binoculaire tachistoscoop, valt voor verder onderzoek te denken aan computergestuurde beeldpresentatie met behulp van snelle elektronische schermen of tachistoscopische projectors.

Aan het einde van zijn proefschrift refereert Calis al aan de mogelijkheid van snelle schermen en computersturing. Een drietal jaar later doet die mogelijkheid zich daadwerkelijk voor door de komst van een snelle videoschijf met computeraansturing waarmee het promotieonderzoek herhaald werd. Omdat er met video gewerkt werd, was de snelste presentatietijd 20 milliseconden, de helft van een heel videobeeld dat in 40 milliseconden opgebouwd werd door even en oneven beeldlijnen.

Met de Kodak carrousel diaprojector uitgerust met elektronische sluiters was een snellere presentatietijd dan de videopresentatie mogelijk.

Momenteel kan er een tachistoscoop gebouwd worden die door aansturing van de LED-lamp door een Solid State Relais (SSR) een snelheid van 1 milliseconden aankan. In het onderstaande ontwerp is een LCD-LED-beamer aangepast door de LED-lamp te verbinden met het Solid State Relais (SSR). Het Solid State Relais (SSR) wordt aangestuurd door een Arduino microcontroller die weer middels de USB poort die als COM-poort dienst doet, kan communiceren met een laptop of PC.

Door dit ontwerp vallen alle aantalbeperkingen weg en kunnen de aanbiedingstijden heel eenvoudig gevarieerd worden en de antwoorden eenvoudig geregistreerd worden.

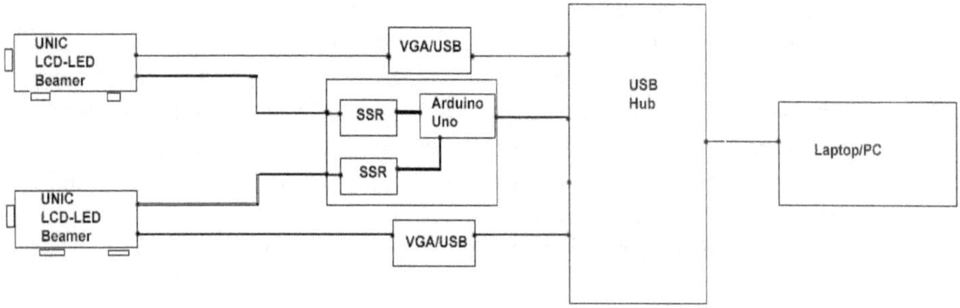

Figuur 11. Schema opstelling twee tachistoscopen.

Voor meer gedetailleerde informatie: http://ipd-community.jouwweb.nl/

Nabeschouwing

De afronding van een project is een bijzonder moment. De gedachten gaan terug naar de lange afgelegde weg en de mensen die op die weg belangrijk waren. Dankbaarheid en bewondering overheersen.

Het liefste zou ik al die mensen met naam en toenaam willen benoemen. Dat is echter wat hachelijk omdat de kans levensgroot is dat ik daarbij nu enkele mensen ten onrechte over het hoofd zou zien.

Hoe dan ook geluk en goede sturing waren mijn deel en dat heb je nodig als je nieuwe zaken aan het licht wil brengen.

Het is een groot geschenk als mensen je blijven steunen en stimuleren. Daar ben ik hen zeer dankbaar voor en hoop van harte dat dit boekje, dat ontstaan is uit een gezamenlijke inspanning van velen, een bijdrage mag gaan leveren aan een beter samenleven voor ons allen!

Arnhem, november 2018

Inhoudsopgave

Contactadres: website.vcr@gmail.com

ISBN: 978-0-244-72816-8
NUR: 770, 776

Druk: LULU.com
Papier: Wit
Afmeting: A5
Aantal pagina's: 40
Binding: Paperback

www.ingramcontent.com/pod-product-compliance
Lightning Source LLC
Chambersburg PA
CBHW061232180526
45170CB00003B/1262
* 9 7 8 0 2 4 4 7 2 8 1 6 8 *